REINAS DEL UNIVERSO ANIMAL

PRINCESAS DE LÉMUR DE COLA ANILLADA

Gobernantes de la tropa

de Jaclyn Jaycox

PEBBLE
a capstone imprint

Publicado por Pebble, an imprint of Capstone
1710 Roe Crest Drive
North Mankato, Minnesota 56003
capstonepub.com

Los datos de catalogación previos a la publicación se encuentran disponibles en el sitio web de la Biblioteca del Congreso.
ISBN: 9780756591892 (tapa dura)
ISBN: 9780756591847 (tapa blanda)
ISBN: 9780756591854 (PDF libro electrónico)

Resumen: ¡Chillido! Una hembra de lémur de cola anillada grita fuerte. Es una advertencia para que un intruso se mantenga alejado. Las hembras lideran tropas de lémures de cola anillada. Cazan, defienden sus territorios y cuidan a sus crías. Observa de cerca a los lémures de cola anillada y los importantes roles que desempeñan las princesas para garantizar la supervivencia de una tropa.

Créditos editoriales
Editora: Carrie Sheely; Diseñadora: Bobbie Nuytten; Investigadoras de medios: Morgan Walters; Especialista en producción: Whitney Schaefer

Translated into the Spanish language by U.S. Translation Company

Créditos fotográficos
Alamy: Michele Burgess, 23; Capstone Press, 7; Getty Images: Darrell Gulin, 5, Floridapfe from S.Korea Kim in cherl, 28; Shutterstock: Azahara Perez, 9, BlackFarm, 14, BrightRainbow, (fondo de puntos) elemento de diseño, coxy58, 27, David Havel, 29, Eric Gevaert, 13, GUDKOV ANDREY, 6, Irena Kofman, 21, Jez Bennett, 8, KAMONRAT, 11, MattiaATH, 17, MyImages - Micha, 25, Ondrej_Novotny_92, 15, Piotr Krzeslak, Cover, Sean McGrae, 19, WinWin artlab, (coronas) elemento de diseño

Printed and bound in China. PO 6098

Tabla de Contenido

¡Las princesas de lémur gobiernan! 4

Conoce al lémur de cola anillada 6

Los cuerpos de los lémures 10

Tropas de lémures 14

Primero las damas 16

Trabajando juntos 24

Datos sorprendentes sobre los lémures 28

Glosario 30

Índice 32

Las palabras en **negrita** *están en el glosario.*

¡Las princesas de lémur gobiernan!

En el mundo animal, los machos suelen ser los líderes. Suelen ser más grandes y fuertes que las hembras. Pero algunos animales rompen las reglas. Cuando se trata de lémures de cola anillada, ¡las hembras toman el mando!

Las hembras de lémures son conocidas como princesas. Una princesa es la cabeza de su familia. ¡Aprendamos más sobre estos increíbles animales gobernantes!

Una familia de lémures de cola anillada está formada principalmente por hembras, que son las dirigentes del grupo.

Conoce al lémur de cola anillada

¿Qué tienen en común un lémur, un gorila y un humano? ¡Todos son **primates**! Los primates son una especie de **mamífero**. Los mamíferos tienen pelo. Los mamíferos jóvenes beben leche de sus madres.

Un lémur de cola anillada observa a su alrededor en Madagascar.

Hay más de 100 tipos de lémures. Los lémures sólo se encuentran cerca de África. Los lémures de cola anillada viven en Madagascar.

Los lémures son los mamíferos en más **peligro de extinción** *en el mundo. Casi todos los tipos están en peligro de extinción. Sólo quedan entre 2 mil y 2 mil 500 lémures de cola anillada en estado salvaje.*

¡Mira arriba! ¿Qué es esto que está saltando entre los árboles? ¡Es un lémur de cola anillada! Estos lémures viven en diferentes **hábitats**. Algunos viven en los bosques. Otros viven en zonas cálidas y secas. Pasan aproximadamente la mitad de su tiempo en el terreno. El resto del tiempo están en lo alto de los árboles.

Los lémures de cola anillada pueden saltar una distancia de unos 25 pies (7,6 metros).

Comer fruta ayuda a los lémures de cola anillada a obtener el agua que necesitan.

Los lémures comen **insectos** y frutas. También comen hojas, cortezas y flores. Los lémures no beben agua frecuentemente. Obtienen la mayor parte del agua de los alimentos.

Los cuerpos de los lémures

Los lémures de cola anillada reciben su nombre por sus colas. Sus colas tienen anillos blancos y negros. Sus colas son más largas que sus cuerpos. Las colas de los lémures pueden crecer hasta 2 pies (0,6 metros) de largo.

Los lémures de cola anillada son aproximadamente del tamaño de los gatos domésticos. Pesan alrededor de 6 libras (2,7 kilogramos). En el caso de muchos primates, los machos son más grandes que las hembras. Pero no es el caso con los lémures de cola anillada. Todos son del mismo tamaño. Es muy difícil diferenciarlos.

Los lémures de cola anillada suelen tener 12 o 13 anillos en la cola de cada color.

Los lémures de cola anillada tienen pelaje de color marrón rojizo o gris en la espalda. Tienen estómagos y caras blancas. Anillos oscuros rodean sus ojos. Los lémures tienen narices negras y puntiagudas.

Los lémures tienen grandes ojos de color amarillo brillante o ámbar. Pueden ver muy bien de noche.

Los lémures también tienen un sorprendente sentido del olfato. Les ayuda a encontrar comida. También les ayuda a encontrar a sus familiares.

Los lémures de cola anillada tienen ojos grandes y redondos.

Tropas de lémures

Los lémures viven en grupos familiares. Estos grupos se llaman tropas. Las tropas pueden tener hasta 30 lémures. Las hembras permanecen en la misma manada toda su vida. Los machos cambian de tropas cada pocos años.

Los miembros de una tropa de lémures se apiñan.

¡Chillido! ¡Aullido! ¡Los lémures son ruidosos! Usan sus voces para **comunicarse** unos con otros. Los lémures de cola anillada también se comunican de otras formas. Levantan sus colas en el aire. Esto ayuda a los lémures a permanecer juntos. Usan su olor para marcar su **territorio**. Esto les dice a otras familias de lémures que se mantengan alejadas.

Algunos sonidos del lémur de cola anillada pueden ser escuchados por personas a aproximadamente 0,5 millas (0,8 kilómetros) de distancia.

Primero las damas

Un lémur macho come una sabrosa fruta. Una lémur hembra observa su merienda. ¡Ella también piensa que la fruta se ve bien! Salta hacia él. Se la quita. ¡Se la arrebata! El macho no intenta recuperarla. Se dirige a buscar más.

En una tropa, una hembra es la dirigente. Pero todas las hembras tienen un **rango** mayor que los machos. Las hembras son las primeras en comer. A veces, un macho come fuera de turno. Una hembra le quitará su alimento.

Las princesas pueden elegir comida antes que los machos.

Las hembras pueden elegir lugares para dormir. Un macho podría estar durmiendo en un buen lugar. Una hembra lo sacará del lugar a empujadas.

Las hembras también pueden elegir lugares para tomar el sol. Para tomar el sol, los lémures se sientan con las patas delanteras en alto. El sol les calienta el vientre.

Un lémur toma el sol.

Las madres suelen dar a luz a una cría. El bebe se queda con su madre. Se aferra a su estómago durante las primeras dos semanas. Luego el bebe cabalga sobre el lomo de su madre.

Después de unos meses, los jóvenes comienzan a soltarse. Caminan y trepan solos. Pero si hay peligro, saltan sobre el lomo de su madre. Las hembras de lémures protegen a sus crías.

Un bebé lémur se aferra al lomo de su madre.

Las hembras de lémures de cola anillada encuentran nuevos territorios. Eligen áreas con abundante comida para su tropa. Tener una buena fuente de alimento ayuda a la tropa a sobrevivir.

Tanto los lémures machos como las hembras marcan el territorio. Pero las hembras son las encargadas de protegerlo. Defienden ferozmente su territorio. A veces, otros lémures se acercan demasiado. Las hembras los rechazan. ¡A menudo hacen esto con bebés en su lomo!

Un lémur de cola anillada
marca su olor en un árbol.

Trabajando juntos

Las hembras de lémures de cola anillada tienen trabajos duros. Los machos no ayudan a criar a las crías. En las peleas por territorio, los machos retroceden. Dejan que las hembras peleen. Las hembras le dicen a la tropa cuándo y dónde moverse. Pero no tienen que hacerlo todo solas. Las hembras de lémures se ayudan unas a otras.

Todas las hembras de una tropa ayudan a criar a las crías. Por lo general, dan a luz aproximadamente al mismo tiempo. Se ayudan mutuamente a alimentar a los bebés de otras. Se forman grupos para que los jóvenes puedan jugar juntos.

Una princesa cuida a dos bebés mientras otro lémur descansa.

Las hembras de lémures de cola anillada tienen un vínculo fuerte. Una forma de crear vínculos es mediante el **acicalamiento**. Tienen dientes especiales para esto. Los dientes actúan como un peine. Las hembras pasan mucho tiempo acicalándose unas a otras.

Los científicos tienen preguntas sobre los lémures de cola anillada. En muchos animales, los machos o las hembras son más grandes. El mayor de los dos suele ser el líder. Pero todos los lémures de cola anillada son muy parecidos. Los científicos continúan aprendiendo más sobre ellos. Pero una cosa es segura: ¡las lémures hembras están a la altura de gobernar la tropa!

Un lémur de cola anillada acicala a otro miembro de la tropa.

Datos sorprendentes sobre los lémures

En una pelea entre un lémur macho y una hembra, la hembra siempre gana.

Los lémures machos de cola anillada tienen “peleas apestosas” para pelear por las hembras. Frotan sus colas sobre sus glándulas odoríferas y las agitan. ¡El más apestoso gana!

Los lémures son importantes esparcidores de semillas. Comen fruta con semillas. Cuando defecan, esparcen las semillas a nuevos lugares. De ellos pueden crecer nuevas plantas.

Los lémures de cola anillada pueden maullar y ronronear como los gatos.

Los lémures de cola anillada son más activos temprano en la mañana y al final de la tarde.

Los científicos creen que los lémures vivieron en África hace millones de años. Es posible que hayan llegado flotando hasta Madagascar en troncos.

Los lémures de cola anillada viven unos 16 años en estado salvaje.

En latín, la palabra lémur significa “fantasma”. Al ver a los animales por primera vez, los científicos pensaron que parecían fantasmas.

Glosario

acicalar (a-ci-ca-LAR)—*mantener limpio*

comunicarse (co-mu-ni-CAR-se)—*compartir información*

en peligro de extinción (ex-tin-CIÓN)—*en peligro de desaparecer*

hábitat (HÁ-bi-tat)—*el lugar natural y las condiciones en las que vive un animal o una planta*

insecto (in-SEC-to)—*un animal pequeño con una capa exterior dura, seis patas, tres secciones del cuerpo y dos antenas; la mayoría de los insectos tienen alas*

mamífero (ma-MÍ-fe-ro)—*un animal de sangre caliente que respira aire; los mamíferos tienen pelo o pelaje; las hembras de los mamíferos alimentan con leche a sus crías*

primate (pri-MA-te)—*miembro del grupo de animales inteligentes que incluye humanos, simios y monos*

rango (RAN-go)—*tomar o tener una posición en relación con otros en un grupo*

territorio (te-rri-TO-rio)—*la tierra en la que un animal pasta o caza para alimentarse y cría a sus crías*

Índice

acicalamiento, 26, 27
agua, 9
alimentos, 9, 12, 16, 17, 22, 28
árboles, 8

bebés, 20, 21, 22, 24, 25

científicos, 26
colas, 10, 11, 15, 28
comunicación, 15

dientes, 26

glándulas odoríferas, 28

hábitats, 8

lugares para dormir, 18

Madagascar, 7, 29
mamíferos, 6, 7
marcado de olor, 15

ojos, 12, 13

pelaje, 12
primates, 6

semillas, 28
sentido del olfato, 12

tamaño, 10, 26
territorios, 15, 22, 24
tomar el sol, 18, 19
tropas, 14, 16, 22, 24, 26, 27

Behind the Lens Photography

Sobre La Autora

Jaclyn Jaycox es autora y editora de libros para niños. Cuando no escribe, le encanta leer y pasar tiempo con su familia. Vive en el sur de Minnesota con su marido, sus dos hijos y un valiente perro Goldendoodle.